中国地质大学（武汉）实验教学系列教材
中国地质大学（武汉）实验教材项目资助（SJC－202204）
中国地质大学（武汉）珠宝学院 GIC 系列丛书

宝石鉴定仪器实验指导书

BAOSHI JIANDING YIQI SHIYAN ZHIDAOSHU

陈全莉　裴景成　周青超　等编

图书在版编目（CIP）数据

宝石鉴定仪器实验指导书/陈全莉等编．—武汉：中国地质大学出版社，2023.12
（中国地质大学（武汉）珠宝学院 GIC 系列丛书）
ISBN 978-7-5625-5732-6

Ⅰ.①宝⋯　Ⅱ.①陈⋯　Ⅲ.①宝石-鉴定-教材　Ⅳ.①TS933.21

中国版本图书馆 CIP 数据核字（2023）第 249404 号

宝石鉴定仪器实验指导书		陈全莉　裴景成　周青超　等编	
责任编辑：张旻玥			责任校对：张咏梅
出版发行：	中国地质大学出版社（武汉市洪山区鲁磨路388号）	邮政编码：	430074
电　　话：	(027)67883511　传　真：(027)67883580	E-mail：cbb@cug.edu.cn	
经　　销：	全国新华书店	http://cugp.cug.edu.cn	
开本：	787mm×1092mm 1/16	字数：122千字	印张：4.75
版次：	2023年12月第1版	印次：2023年12月第1次印刷	
印刷：	武汉市籍缘印刷厂		
ISBN 978-7-5625-5732-6		定价：36.00元	

如有印装质量问题请与印刷厂联系调换

前　言

本书是《宝石鉴定仪器教程》(陈全莉等,2021)的配套实验教材。"宝石鉴定仪器"是宝石及材料工艺学专业、相关珠宝首饰专业本科生和专科生在学校学习期间接触的最重要的专业基础课和必修课之一,也是一门具有极强实操性的课程。该课程在整个专业培养体系中起着承上启下的作用,对学生后续其他专业主干课程如"宝石鉴定""玉石学""彩色宝石学""宝石的优化处理""宝石的合成原理"等的学习非常重要,也是培养宝石学研究思维的关键课程。

该课程大部分学时为实验课时,对学生实际动手操作能力有很高的要求。学生需通过实验熟练掌握各种宝石鉴定仪器如折射仪、偏光镜、显微镜、二色镜等的具体使用方法、操作要领,培养正确分析和解析实验数据的能力。编制该课程实验指导书对于学生理解及掌握常见的各种宝石鉴定仪器的工作原理、使用方法以及操作规范等均具有积极的促进作用,一方面可以巩固和加深学生对"宝石鉴定仪器"基础理论知识的理解,另一方面也可以使学生们更好地理论联系实际。

本书包括五个实验内容。实验一为折射仪的使用,实验二为分光镜和查尔斯滤色镜的使用,实验三为二色镜和偏光镜的使用,实验四为宝石显微镜和紫外灯的使用,实验五为仪器的综合使用。每一实验章节中均包含实验目的及要求、仪器原理和结构、实验内容、实验指导以及实验记录五个部分,在实验记录部分,均有结合所测的宝石实例给出的具体记录样例。

同时,本书在编写中充分利用互联网资源,用手机扫描每个实验章节中的二维码即可查看相应仪器的操作使用视频,增强了实用性和趣味性,扩展了本书的网络纵深,形成了"立体式"教材,满足培养新时代社会和行业需求的复合型宝石专业人才的需要。本书可作为开设有宝石相关专业的高等院校、高职高专、技工院校、珠宝教育培训机构的实验指导教材,以及珠宝企业内部员工培训教材使用。

本书编写分工如下:实验一、实验三和实验五由陈全莉编写,实验二和实验四由裴景成编写,全书由陈全莉设计并统编。图片由周青超、方薇清绘或拍摄,书中的常规宝石鉴定仪器的视频拍摄及后期剪辑由方薇完成。此外,中国地质大学(武汉)GIC职业教育中心徐丰舜参与了仪器操作视频的录制。

本书由中国地质大学(武汉)实验室和设备管理处实验教材项目资助出版。中国地质大学(武汉)珠宝学院、中国地质大学(武汉)实验室和设备管理处及中国地质大学出版社对本书的出版给予了大力支持,在此一并表示衷心的感谢!

编者在资料搜集、文字撰写和特征图片绘制及拍摄过程中一直秉持专业和直观易懂的原则,但由于作者水平有限,书中难免有疏漏及不妥之处,恳请有关专家、学者及广大读者批评指正,以便本书再版时能够得到进一步的提高和改善。

编 者

2023 年 4 月 24 日

目 录

实验一 折射仪的使用 …………………………………………………………（1）

实验二 分光镜及查尔斯滤色镜的使用 …………………………………………（14）

实验三 二色镜及偏光镜的使用 …………………………………………………（24）

实验四 宝石显微镜和紫外灯的使用 ……………………………………………（39）

实验五 仪器的综合使用 …………………………………………………………（52）

主要参考文献 ………………………………………………………………………（70）

实验一 折射仪的使用

一、实验目的及要求

（1）通过实习了解并掌握折射仪的原理、结构和用途。
（2）熟练掌握折射仪的使用方法、注意事项和保养方法。
（3）能在折射仪上准确区分均质体宝石和非均质体宝石，并能准确测出宝石折射率值、双折射率值，确定宝石的光性特征。

二、折射仪的原理和结构

1. 临界角及光的全（内）反射

当光线从光密介质倾斜射入光疏介质时，折射光线偏离法线，折射角大于入射角。随着入射角的增大，折射角也不断增大。当入射角增大到一定程度时，折射角为 90°，即此时折射光线沿着两种介质的界面传播，此时对应的入射角称为临界角 a。

当光线的入射角继续增大，增大到超过临界角 a 时，入射光线不再发生折射，光线全部被反射回到光密介质中，并遵循反射定律，反射角等于入射角，这种现象称为光的全（内）反射（图 1-1）。

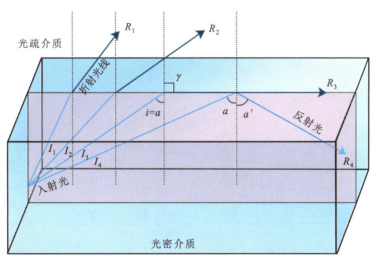

图 1-1 光的折射、反射与全（内）反射原理图

折射仪就是根据光的全（内）反射原理制造的，它是通过测量宝石的临界角值，将读数直接转换成折射率值的仪器。

2. 全（内）反射公式

由于任意一种介质相对于空气（严格地说应为真空）的折射率为定值，那么，任意一种介质相对于另外一种已知介质的折射率也为定值。根据公式可以推导出：

$$n_2/n_1 = \sin i/\sin \gamma$$

式中：i 为入射角；γ 为折射角；n_1 为已知介质的折射率；n_2 为未知介质的折射率。当折射角 $\gamma = 90°$ 时，此时 $n_2 = n_1 \cdot \sin a$。因此，只要测出临界角 a 角即可求出未知介质的折射率值。

用折射仪测试宝石样品时，宝石样品为光疏介质，折射仪中的棱镜为光密介质。测出临界角，已知棱镜折射率，便可计算出宝石样品的折射率。折射仪已经把临界角转换为折射率值，可以在折射仪上直接读出宝石样品的折射率值。

$$\sin a \text{（临界角）} = \frac{\text{宝石样品的折射率（光疏介质）}}{\text{折射仪棱镜的折射率（光密介质）}}$$

3. 折射仪的结构

宝石折射仪的主要组成部件为高折射率棱镜、反射镜（直角棱镜）、一系列透镜、标尺及偏光片等，其结构与工作原理见图 1-2。

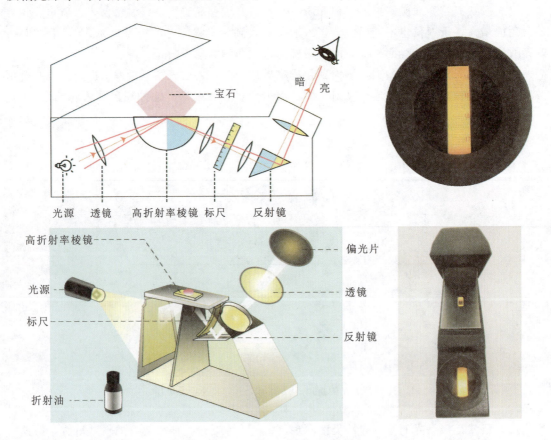

图 1-2　宝石折射仪的结构与工作原理示意图

三、实验内容

折射仪是鉴定宝石的重要仪器之一,在折射仪上除了能准确地测出宝石的折射率值、双折射率值外,还能根据阴影边界移动情况判断宝石的轴性及光性符号。

1. 单折射宝石

只有一个折射率值,主要包括等轴晶系和非晶质宝石,如尖晶石,石榴石、玻璃等。

2. 双折射宝石

①一轴晶宝石有两个主折射率值,其中一个为动值,另一个为不动值。若动值为大值,不动值为小值,则为一轴晶正光性宝石,如水晶、锆石和硅铍石等;若动值为小值,不动值为大值,则为一轴晶负光性宝石,如红宝石和碧玺等。

②二轴晶宝石有三个主折射率值。每一个面上只能测出两个折射率值,在折射仪上表现为两个动值。若大值的阴影边界上下移动幅度比小值大,则为二轴晶正光性宝石,如托帕石、橄榄石和金绿宝石等;若小值的阴影边界上下移动幅度比大值大,则为二轴晶负光性宝石,如日光石、拉长石和月光石等。

四、实验指导

(一)近视法

1. 操作步骤

近视法也称刻面法,主要适用于具刻面型宝石,主要操作步骤如下。

(1) 接通折射仪光源,打开仪器,观察视域的清晰程度。
(2) 用酒精清洗宝石和棱镜。
(3) 在折射仪棱镜中央轻轻点一滴接触液(折射油),通常液滴直径以约 2mm 为宜。
(4) 将宝石的待测面放置于金属台上,轻推宝石至棱镜中央,使宝石通过接触液与棱镜产生良好的光学接触。

折射仪的使用

(5) 眼睛靠近目镜,观察视域内标尺的明暗情况,并转动偏光片,读取阴影区和明亮区界线处的读数(读数保留至小数点后第三位,第三位为估读)。

注:均质体宝石,仅有一条阴影边界;非均质体宝石一般会有两条阴影边界;借助偏光片可获得更清晰的读数(尤其当两条阴影边界相距较近时)。

(6) 360°范围内转动宝石方位,重复步骤(5)测试并记录(可每次转动 30°~90°不等,至少测 4 个方位)。
(7) 根据不同方位折射率数据的变化情况,记录宝石的最大双折射率并判断轴性和光性符号。

(8) 测试完毕，取下宝石。

(9) 清洗宝石和棱镜。清洗棱镜时要注意将沾有酒精的棉球或镜头纸沿着一个方向擦拭，以防接触液中析出的硫划伤棱镜。

采用近视法可以准确测试出宝石的折射率、双折射率、轴性以及光性，折射率和双折射率值均保留到小数点后第三位。

2. 读数与结果判定

(1) 转动宝石360°，视域内只有一条阴影边界。

若快速转动配置在目镜上的偏光片，阴影边界仍不动，则为一个折射率值，表明该宝石为均质体宝石（包括等轴晶系宝石和非晶质体宝石）或多晶质集合体宝石。

如尖晶石在折射仪上表现为一条阴影边界，当转动宝石360°或快速转动偏光片，1.718的阴影边界始终不动，则判定该宝石为均质体宝石，折射率记录为RI：1.718（图1-3）。

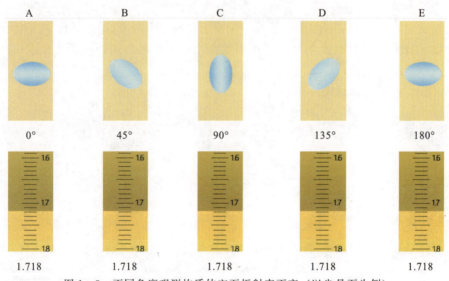

图1-3 不同角度观测均质体宝石折射率不变（以尖晶石为例）

(2) 转动宝石360°，有两条阴影边界。

①一轴晶宝石的判断。

两条阴影边界表现为一条动，一条不动。可移动的值代表非常光 Ne' 方向，固定不变的值为常光 No 方向（与光轴垂直）。若测试过程中，$Ne' > No$ 为正光性，反之为负光性，如图（1-4）所示。

如水晶，在方位A处测得折射率记为 RI_1：1.544（图1-5）；转动水晶一定角度，在方位B处测得折射率记为 RI_2：1.544-1.550；继续转动水晶一定角度，在方位C处测得的折射率值记为 RI_3：1.544-1.553；再转动水晶至方位D处，测得的折射率值记为 RI_4：1.544-1.550。这表明低值1.544为不动值，属常光方向，高值1.550或1.553为动值，为非常光方向，则该宝石双折射率 $DR = 1.553 - 1.544 = 0.009$。根据低值不动高值动，则判定该宝石为一轴晶正光性，实习报告册中记录为一轴（＋）或U（＋），折射率记录为RI：1.544-1.553。

实验一 折射仪的使用

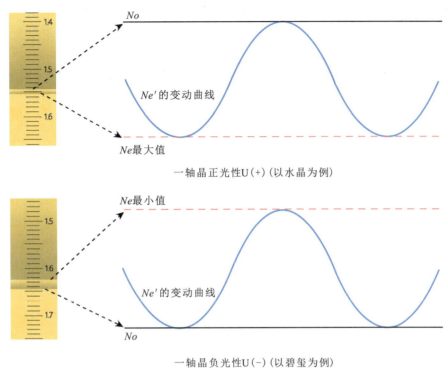

一轴晶正光性U(+)（以水晶为例）

一轴晶负光性U(-)（以碧玺为例）

图1-4 一轴晶宝石的光性

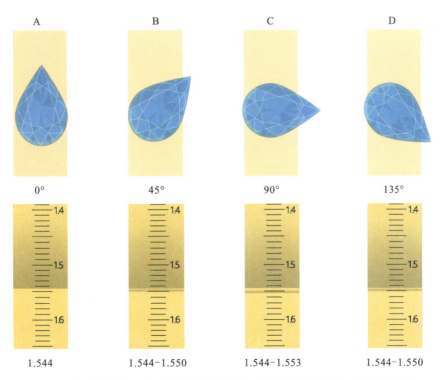

图1-5 实际操作中观察到的不同位置的宝石对应的折射率值（以水晶为例）

再如蓝宝石，在方位 A 处测得的折射率值为 RI_1：1.762－1.770；转动蓝宝石一定角度至方位 B 处，测得的折射率值为 RI_2：1.770；继续转动蓝宝石一定角度至方位 C 处测得的折射率值为 RI_3：1.764－1.770；再转动蓝宝石一定角度至方位 D 处，测得的折射率为 RI_4：1.762－1.770。这说明低值 1.762、1.764 为动值，而高值 1.770 为不动值，该宝石双折射率 DR＝1.770－1.762＝0.008。根据低值动，高值不动，判定该宝石为一轴晶负光性，实习报告册中记录为一轴（－）或 U（－），折射率记录为 RI：1.762－1.770。

②二轴晶宝石的判断。

两条阴影边界均表现为动值，则为二轴晶宝石，其光性的判断比一轴晶复杂。二轴晶宝石有 3 个主折射率，高值 Ng（γ）、中间值 Nm（β）、低值 Np（α）。二轴晶宝石在转动过程中可出现两条阴影边界逐渐靠近直至重合的特殊现象，重合位置的读数即为该宝石的 Nm 值。若 Ng－Nm＞Nm－Np 为正光性，Ng－Nm＜Nm－Np 则为负光性；即大值的阴影边界移动幅度较小值的阴影边界移动幅度大，中间值 Nm（β）靠近低值 Np（α）则为正光性，反之，中间值 Nm（β）靠近高值 Ng（γ）则为负光性，如图 1-6 所示。

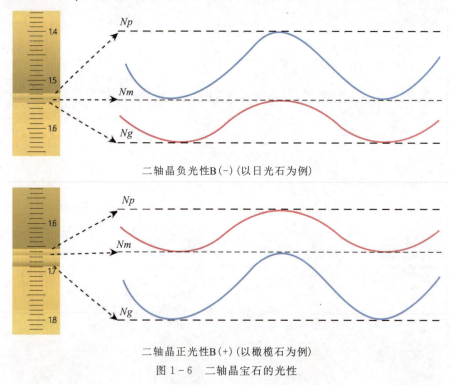

二轴晶负光性B(-)（以日光石为例）

二轴晶正光性B(+)（以橄榄石为例）

图 1-6　二轴晶宝石的光性

值得注意的是，当所测宝石在折射仪上转动 360°，整个视域都较暗，仅能观察到接触液所形成的位于 1.79 左右的阴影边界（图 1-7），这种现象说明待测的宝石折射率值大于接触液的折射率值，折射仪上表现为"负读数"，如钻石、锆石、锰铝榴石、翠榴石等。

（二）远视法

远视法也称为点测法，主要适用于弧面型宝石或小的刻面型宝石。采用远视法测试得到的是宝石的近似折射率值，主要操作步骤如下。

（1）清洗棱镜和宝石。

（2）在折射仪棱镜上滴一小滴接触液。

（3）手持宝石，将清洗干净的弧面型或小的刻面型宝石放在玻璃棱镜上，使宝石通过液滴与棱镜形成良好的光学接触。

（4）眼睛距目镜25～45cm，透过目镜可以在视域中看到一个圆形或椭圆形的影像，这是宝石与折射仪棱镜呈光学接触部分的影像（图1-8）；平行目镜上、下移动头部，观察影像的明暗状态。当影像呈半明半暗（影像上半部分灰暗，下半部分明亮）时，读取明暗交界处的读数并记录，这条交界线处的值即为宝石的近似折射率值，读数要精确到小数点后第二位。注意，从目镜中观测到的宝石与棱镜的接触点影像不宜太大，影像大小覆盖2～3个刻度为宜。若影像较大，则不易得到清晰而准确的读数。

在整个读数过程中，当折射率的位置高于所测宝石的折射率时，椭圆形或圆形液滴的影像看上去是亮的；反之，当折射率的位置低于所测宝石的折射率时，液滴看上去是暗的。

图1-7 负读数

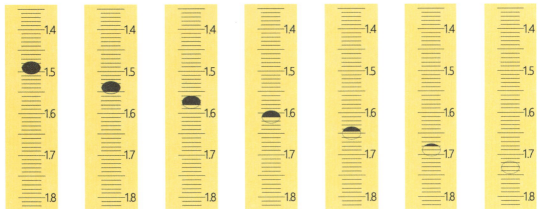

图1-8 在远视法操作中视线从上到下移动时标尺变化示意图（以绿松石为例，折射率读数为1.61）

通过几次从亮到暗再从暗到亮地观察液滴影像后，就能找到液滴影像被水平的阴影边界二等分为亮区和暗区的位置，这条划分线就是获取折射率读数的位置。

当所测宝石的折射率超过折射仪测试范围时，远视法也可以用来确定宝石的折射率值高于折射油,在这种情况下,液滴在整个标尺范围内始终是暗的。

另外,在测试过程中,若液滴的形状不是上下对称时(图1-9a),可以适当调整宝石在棱镜上的位置,确保液滴影像的上下对称性以便更加准确地读数;若发现液滴在上下移动的过程中,明暗变化区域过小,液滴影像的黑色轮廓较厚(图1-9b),则说明液滴过多,需要用纸巾吸取部分折射油后重新按照上述步骤测试。

远视法不如近视法精确,不能测试宝石的双折射率值、轴性以及光性。

• **注意事项**

(1) 所测试的宝石一定要有抛光面,如无光滑平面,宝石则无法与折射仪棱镜保持良好的光学接触。

(2) 宝石和棱镜测试台在测试前均需要用柔软的薄纱纸擦拭干净。棱镜测试台和宝石表面的尘埃或油污会减弱或妨碍光学接触。

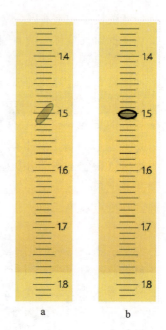

图1-9 液滴形状不对称(a)及液滴影像的黑色轮廓较厚(b)

(3) 折射仪的测试范围因所用折射仪的棱镜类型和接触液而异,通常情况下折射仪测试范围为1.35~1.81。宝石的折射率小于1.35或者大于1.81都无法读数,若宝石的折射率高于接触液的测试范围,在折射仪上表现为"负读数"。

(4) 测试时接触液要适量。由于接触液密度很大,若接触液点得过多,密度较小的小颗粒宝石会漂浮;若点得过少,宝石则不能与棱镜产生良好的光学接触。

(5) 在测试过程中接触液若放置过久会风干,硫晶体会析出,将越来越难获得清晰的读数,此时要仔细清洁宝石和玻璃棱镜并重新操作和测试。

(6) 操作时要尽量保持宝石在棱镜测试台中部位置时进行读数,同时注意在观察时让眼睛尽可能地靠近目镜,在获取所有读数时,眼睛均需要保持同样的位置,这样才可避免因阴影边界的光学位移而导致折射率读数的可能变化。

(7) 测试结束后,要及时擦拭棱镜上残留的接触液,避免接触液腐蚀棱镜。

(8) 折射率读数的精度和可靠性取决于样品的抛光质量、接触液的多少、样品是否干净、折射仪的校准、所用光源的类型等多方面因素。

五、实习记录

做好实验记录,根据常见宝石的特征(表1-1)将观察到的现象仔细记录于表1-2中。填表说明如下。

(1) 刻面型非均质体宝石须填写RI_1~RI_4(RI_1~RI_4指宝石转动不同角度时分别记录的折射率值)、RI、DR、轴性与光性。

(2) 刻面型均质体宝石折射率均记录在RI处确定光性特征。

(3) 弧面型宝石折射率填写在$RI_点$中,不记录轴性及光性。

表1-1 常见宝石的折射率、双折射率及光性特征总结表

宝石名称	晶系	光性	折射率	双折射率
火欧泊	非晶质	均质体	1.40	—
萤石	等轴晶系	均质体	1.434	—
欧泊	非晶质	均质体	1.45	—
方钠石	等轴晶系	均质体	1.48	—
青金岩	等轴晶系	均质体	1.50	—
莫尔道玻陨石	非晶质	均质体	1.50	—
玻璃（人造玻璃）	非晶质	均质体	1.50～1.70	—
琥珀	非晶质	均质体	1.54	—
象牙	非晶质	均质体	1.54	—
玳瑁	非晶质	均质体	1.55	—
尖晶石	等轴晶系	均质体	1.712～1.730	—
合成尖晶石	等轴晶系	均质体	1.727	—
钙铝榴石	等轴晶系	均质体	1.74～1.75	—
镁铝榴石	等轴晶系	均质体	1.74～1.76	—
锰铝榴石	等轴晶系	均质体	1.80～1.82	—
钇铝榴石（人造）	等轴晶系	均质体	1.83	—
钙铬榴石	等轴晶系	均质体	1.87	—
翠榴石	等轴晶系	均质体	1.89	—
钆镓榴石（人造）	等轴晶系	均质体	1.97	—
立方氧化锆	等轴晶系	均质体	2.15～2.18	—
钛酸锶（人造）	等轴晶系	均质体	2.41	—
钻石	等轴晶系	均质体	2.417	—
方解石	三方晶系	一轴晶（－）	1.486～1.658	0.172
方柱石	四方晶系	一轴晶（－）	1.54～1.58	0.004～0.037
玉髓及玛瑙（多晶质）	三方晶系	—	1.54～1.55	—
水晶	三方晶系	一轴晶（＋）	1.544～1.553	0.009
绿柱石	六方晶系	一轴晶	1.56～1.59	0.004～0.009
祖母绿（合成）	六方晶系	一轴晶（－）	1.560～1.567	0.003～0.004
祖母绿（天然）	六方晶系	一轴晶（－）	1.566～1.600	0.004～0.010
黄色绿柱石	六方晶系	一轴晶	1.567～1.580	0.005～0.006
海蓝宝石	六方晶系	一轴晶	1.570～1.585	0.005～0.006
粉红绿柱石	六方晶系	一轴晶	1.580～1.600	0.008～0.009
菱锰矿	三方晶系	一轴晶（－）	1.58～1.84	0.22

续表 1-1

宝石名称	晶系	光性	折射率	双折射率
碧玺	三方晶系	一轴晶（－）	1.62～1.65	0.018
磷灰石	六方晶系	一轴晶（－）	1.63～1.64	0.002～0.006
硅铍石	三方晶系	一轴晶（＋）	1.65～1.67	0.016
符山石	四方晶系	一轴晶（＋/－）	1.70～1.73	0.005
蓝锥矿	三方晶系	一轴晶（＋）	1.75～1.80	0.047
刚玉	三方晶系	一轴晶（－）	1.76～1.78	0.008
锆石	四方晶系	一轴晶（＋）	1.93～1.99	0.059
金红石	四方晶系	一轴晶（＋）	2.61～2.90	0.287
蛇纹石玉（多晶质）	单斜晶系	－	1.56～1.57	－
正长石/月光石	单斜晶系	二轴晶（－）	1.52～1.53	0.006
微斜长石	三斜晶系	二轴晶（－）	1.52～1.54	0.003
日光石	三斜晶系	二轴晶（－）	1.53～1.54	0.007
堇青石	斜方晶系	二轴晶（－）	1.54～1.55	0.008～0.012
拉长石	斜方晶系	二轴晶（＋）	1.56～1.57	0.008～0.010
葡萄石	斜方晶系	二轴晶（＋）	1.61～1.64	0.030
托帕石	斜方晶系	二轴晶（＋）	1.61～1.64	0.008～0.010
软玉（多晶质）	单斜晶系	－	1.62	－
绿松石（多晶质）	三斜晶系	－	1.62	－
红柱石	斜方晶系	二轴晶（－）	1.63～1.64	0.010
赛黄晶	斜方晶系	二轴晶（＋/－）	1.63～1.64	0.006
顽火辉石	斜方晶系	二轴晶（＋）	1.65～1.68	0.010
橄榄石	斜方晶系	二轴晶（＋/－）	1.65～1.69	0.036
翡翠（多晶质）	单斜晶系	－	1.66	－
锂辉石	单斜晶系	二轴晶（＋）	1.66～1.68	0.015
柱晶石	斜方晶系	二轴晶（－）	1.67～1.68	0.013
透辉石	单斜晶系	二轴晶（＋）	1.67～1.70	0.025
硼铝镁石	斜方晶系	二轴晶（＋）	1.67～1.71	0.038
黝帘石（坦桑石）	斜方晶系	二轴晶（＋）	1.69～1.70	0.009
蓝晶石	三斜晶系	二轴晶	1.71～1.73	0.017
蔷薇辉石	三斜晶系	二轴晶（＋/－）	1.72～1.74	0.014
金绿宝石	斜方晶系	二轴晶（＋）	1.74～1.75	0.009
榍石	单斜晶系	二轴晶（＋）	1.89～2.02	0.10～0.134

注：表中给出的是每种宝石矿物常见的折射率和双折射率的范围。

实验一 折射仪的使用

表1-2 实验一记录表

编号	名称	琢型	RI₁（方位1）	RI₂（方位2）	RI₃（方位3）	RI₄（方位4）	RI	DR	RI点	轴性	光性
GIC-01（例1）	红宝石	椭圆形刻面型	1.762-1.770	1.770	1.764-1.770	1.762-1.770	1.762-1.770	0.008	/	一轴晶	正光性或+
GIC-02（例2）	翡翠	椭圆形弧面型	/	/	/	/	/	/	1.66	/	/
GIC-03（例3）	尖晶石	圆刻面型	1.718	1.718	1.718	1.718	1.718	/	/	/	均质体

续表 1-2

编号	名称	琢型	RI$_1$ (方位1)	RI$_2$ (方位2)	RI$_3$ (方位3)	RI$_4$ (方位4)	RI	DR	RI$_点$	轴性	光性

续表 1-2

编号	名称	琢型	RI₁(方位1)	RI₂(方位2)	RI₃(方位3)	RI₄(方位4)	RI	DR	RI点	轴性	光性

实验二 分光镜及查尔斯滤色镜的使用

一、实验目的及要求

(1) 理解和掌握分光镜和查尔斯滤色镜的原理及结构,通过光谱特点区分棱镜式和光栅式分光镜。
(2) 学会手持式分光镜和查尔斯滤色镜的使用方法。
(3) 掌握不同类型宝石的典型光谱。
(4) 掌握查尔斯滤色镜下变红的宝石品种。

二、仪器原理和结构

1. 分光镜的原理和结构

采用色散原件(棱镜组合或衍射光栅,图 2-1)将白光分解成红、橙、黄、绿、蓝、紫

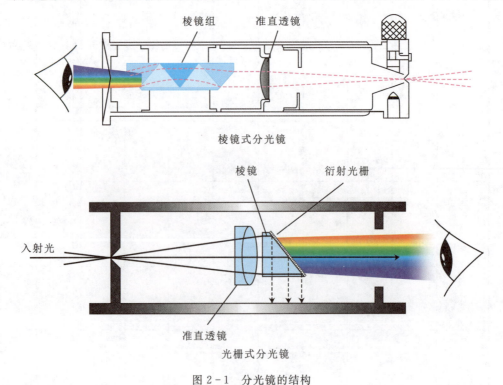

图 2-1 分光镜的结构

连续的光谱色,由于宝石中致色元素对光谱中特定波长色光的吸收,因此在光谱系列上产生吸收线或吸收带(图2-2)。不同的宝石品种,由于所含致色元素的差异,具有不同的吸收光谱特征,因此可以利用吸收光谱鉴定宝石或分析宝石的颜色成因。

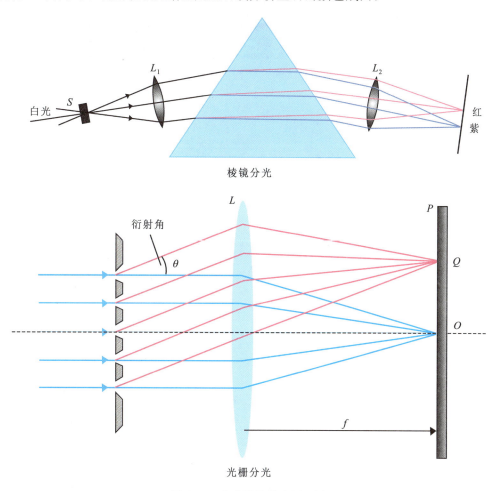

图2-2 分光镜的分光原理图

2. 查尔斯滤色镜原理及结构

查尔斯滤色镜(简称滤色镜)由选择性吸收很强的两片滤色片组成,仅允许深红光(约690nm)和黄绿光(约570nm)通过,吸收剩余的可见光(图2-3)。

不同品种宝石的颜色尽管可以接近,但光谱组成不同(选择性吸收的位置不同),因而在滤色镜下呈现的颜色可能不一样,利用宝石在滤色镜下的不同反应可以鉴别宝石。

三、实验内容

(1)观察特定宝石的典型光谱,绘出并描述其光谱特征,并能用典型光谱的选择性吸收特点来分辨宝石中致色离子类型(表2-1)。

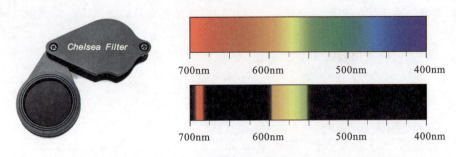

图 2-3 查尔斯滤色镜及其吸收光谱图

表 2-1 典型光谱及特征

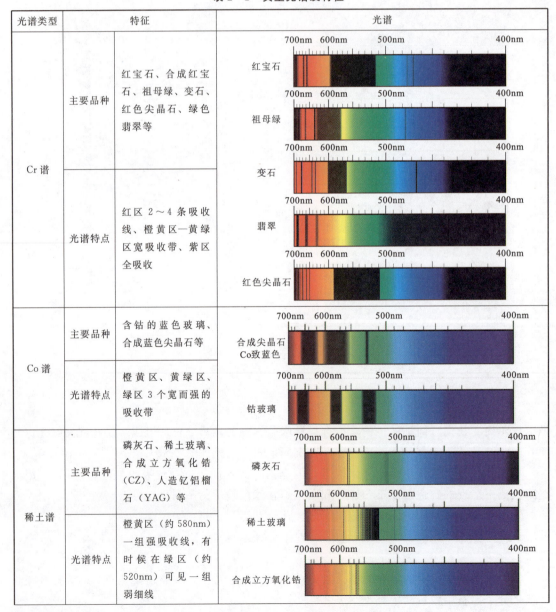

续表 2-1

光谱类型	特征		光谱
Fe 谱	主要品种	蓝宝石、金绿宝石、铁铝榴石、橄榄石、翡翠等	蓝色蓝宝石；金绿宝石；铁铝榴石；橄榄石
	光谱特点	以吸收线或者吸收窄带为主，且多位于蓝区，可至蓝紫或蓝绿交界附近	海蓝宝石；无色翡翠；钙铁榴石；顽火辉石
Mn 谱	主要品种	锰铝榴石、蔷薇辉石、菱锰矿、红色碧玺等	锰铝榴石；蔷薇辉石
	光谱特点	锰离子主要在紫区产生强吸收窄带并可延伸至紫外区，部分含锰宝石在蓝区有吸收窄带	菱锰矿；红色碧玺
放射性元素的光谱	主要品种	锆石	锆石
	光谱特点	653.5nm 诊断线，且可在所有色区出现多条吸收细线	

(2) 观察特定宝石品种在查尔斯滤色镜下的颜色变化并牢记（表2-2）。

表2-2 部分宝石在查尔斯滤色镜下的颜色

宝石名称	颜色	查尔斯滤色镜下颜色	宝石名称	颜色	查尔斯滤色镜下颜色
变石	绿、蓝绿	红	独山玉	绿	红
合成变石	绿蓝	红	东陵石	绿	红
合成变色蓝宝	绿蓝	红	人造钇铝榴石	绿	红
碧玺（铬）	翠绿	红	尖晶石（钴）	蓝色	红
铬钒钙铝榴石	翠绿	红	合成尖晶石（钴）	蓝色	亮红
翠榴石	翠绿	红	青金石	蓝色	暗红
祖母绿（某些）	绿	红、粉红	方钠石	蓝色	暗褐红
合成祖母绿（某些）	绿	红	玻璃（钴）	蓝色	红
水钙铝榴石（青海翠）	绿	红	合成蓝色水晶	蓝色	红
铬玉髓	绿	红			

四、实验指导

1. 分光镜的使用方法

1) 透射法

适用于大多数透明至半透明的宝石。

光从宝石底部射入，透过宝石而进入分光镜进行观察（图2-4a）。

2) 内反射法

分光镜的使用

适用于颜色浅或者颗粒小的透明—半透明宝石。

将宝石较大刻面（刻面型宝石的台面或弧面型宝石的底面）朝下，让光线从宝石样品斜上方的某一位置射入，光线进入宝石后经底部反射而从另一侧射出，分光镜直接对着射出光线最亮位置进行观察（图2-4b）。

3) 表面反射法

适用于不透明—微透明的宝石。

将白光源照射宝石表面，使入射光和反射光与宝石样品台的角度约呈45°，分光镜对准反射光最亮的区域观察（图2-4c）。

实验二　分光镜及查尔斯滤色镜的使用

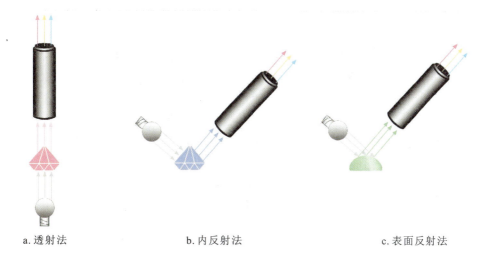

a.透射法　　　　　　b.内反射法　　　　　　c.表面反射法

图 2-4　分光镜的使用方法示意图

· **注意事项**

（1）务必用强白光源照射宝石（具白炽灯泡的聚光手电筒或者光纤灯）；使用前务必用分光镜检查光源，确保光源没有吸收线。
（2）应尽可能在暗环境下使用，可以排除反射日光灯引起的发射谱线（亮线）。
（3）宝石长时间受光源热辐射，光谱会变模糊直至消失，故观察时间不可太长。
（4）对于透明无色宝石，分光镜仅对钻石、锆石、顽火辉石有用。
（5）宝石的大小（厚度）、颜色深浅均会影响光谱的清晰度，可调整光源强度帮助观察。
（6）狭缝应保持清洁，若有灰尘，会在光谱上出现水平的黑线。
（7）观察时，尽量勿手持样品，因血液会产生 592nm 的吸收线。

2. 查尔斯滤色镜的使用方法

（1）使用强白色光源（光纤灯或白光手电）照射样品表面。
（2）滤色镜紧靠眼睛，在距离样品 30cm 左右处观察（图 2-5）。

· **注意事项**

查尔斯滤色镜的使用

（1）使用不同光源，观察结果可能不同。
（2）仅作为鉴定的补充测试，不作为主要依据。

五、实验记录

做好实验记录，将观察到的现象规范记录于表 2-3 中。填表说明如下。
记录样品的编号、名称，并描述样品的颜色、琢型、透明度。
"滤色镜观察"栏目：仅观察蓝色和绿色调的宝石，若滤色镜下呈红色，记录"呈红色"；若无明显的变化或颜色变化情况不易观察，则记录"未变化"。

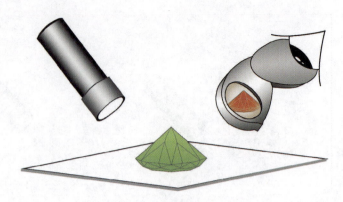

图 2-5 滤色镜观察示意图

"吸收光谱特征"栏目:需要绘图和文字描述。图示法需写出分光镜类型(棱镜式、光栅式),绘图时,除了要绘制出吸收带的宽度外,还要注意吸收线或者吸收带的强度。强吸收线用实线表示,弱吸收线可用虚线表示,强吸收带可完全涂黑,弱吸收带可首先标出始末端,再将该区域画斜线表示。文字描述如:黄绿区可见 2 条强(弱)吸收线,绿区强(弱)吸收宽(窄)带,紫区全吸收等。

表 2-3 实验二记录表

编号	宝石名称	观察内容	吸收光谱特征
GIC-01	红宝石	1. 颜色 红色 2. 琢型 椭圆刻面型 3. 透明度 透明 4. 滤色镜观察 呈亮红色	700nm 600nm 500nm 400nm 描述:(棱镜式分光镜) 红区 3 条细吸收线,黄绿区宽吸收带,蓝区 2 条弱吸收线,紫区全吸收。
		1. 颜色 2. 琢型 3. 透明度 4. 滤色镜观察	700nm 400nm 描述
		1. 颜色 2. 琢型 3. 透明度 4. 滤色镜观察	700nm 400nm 描述

续表 2-3

编号	宝石名称	观察内容	吸收光谱特征
		1. 颜色 2. 琢型 3. 透明度 4. 滤色镜观察	700nm　　　　　　　　　　　　400nm 描述
		1. 颜色 2. 琢型 3. 透明度 4. 滤色镜观察	700nm　　　　　　　　　　　　400nm 描述
		1. 颜色 2. 琢型 3. 透明度 4. 滤色镜观察	700nm　　　　　　　　　　　　400nm 描述
		1. 颜色 2. 琢型 3. 透明度 4. 滤色镜观察	700nm　　　　　　　　　　　　400nm 描述
		1. 颜色 2. 琢型 3. 透明度 4. 滤色镜观察	700nm　　　　　　　　　　　　400nm 描述

续表 2-3

编号	宝石名称	观察内容	吸收光谱特征
		1. 颜色 2. 琢型 3. 透明度 4. 滤色镜观察	700nm　　　　　　　　　400nm 描述
		1. 颜色 2. 琢型 3. 透明度 4. 滤色镜观察	700nm　　　　　　　　　400nm 描述
		1. 颜色 2. 琢型 3. 透明度 4. 滤色镜观察	700nm　　　　　　　　　400nm 描述
		1. 颜色 2. 琢型 3. 透明度 4. 滤色镜观察	700nm　　　　　　　　　400nm 描述
		1. 颜色 2. 琢型 3. 透明度 4. 滤色镜观察	700nm　　　　　　　　　400nm 描述

续表 2-3

编号	宝石名称	观察内容	吸收光谱特征
		1. 颜色 2. 琢型 3. 透明度 4. 滤色镜观察	700nm　　　　　　　　　　　400nm 描述
		1. 颜色 2. 琢型 3. 透明度 4. 滤色镜观察	700nm　　　　　　　　　　　400nm 描述
		1. 颜色 2. 琢型 3. 透明度 4. 滤色镜观察	700nm　　　　　　　　　　　400nm 描述
		1. 颜色 2. 琢型 3. 透明度 4. 滤色镜观察	700nm　　　　　　　　　　　400nm 描述
		1. 颜色 2. 琢型 3. 透明度 4. 滤色镜观察	700nm　　　　　　　　　　　400nm 描述

实验三　二色镜及偏光镜的使用

一、实验目的及要求

(1) 了解并掌握二色镜、偏光镜的使用方法。
(2) 认识宝石中的多色性及宝石的光性特征。
(3) 掌握多色性的表现程度，偏光镜下宝石明暗的变化特点以及宝石光性特征的判断。

二、仪器原理和结构

1. 二色镜的原理和结构

自然光穿过非均质体宝石时，被分解为两束传播方向不同、振动方向相互垂直的偏振光（图3-1）。在各向异性的有色宝石中，这两束偏振光的某些波长可被选择性吸收而产生不同的颜色或同一种颜色的不同色调，每一束偏振光各自的吸收特点即代表其多色性。只要能将这两束偏振光分离开来，就可以看到不同的颜色。

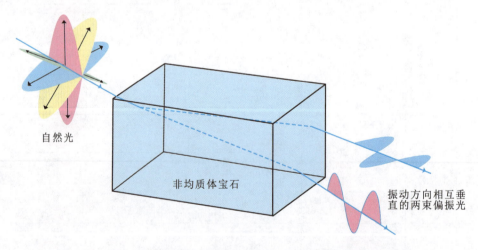

图3-1　非均质体宝石将自然光分解为两束振动方向相互垂直的偏振光

二色镜就是将这两束偏振光的颜色并排出现在窗口的两个影像中，使我们可以看到不同的颜色。

一轴晶的宝石有两个主折射率，宝石的差异选择性吸收使透过宝石的两束光线呈现两种不同的颜色或两种不同色调，称为二色性。二轴晶宝石有三个主折射率，与其对应可产生三种颜色或三种色调，称为三色性。

例如：红碧玺为一轴晶宝石，其多色性为粉红和深红两种颜色；坦桑石为二轴晶宝石，其多色性可显示绿黄色、紫红色和蓝色三种颜色（图3-2）。

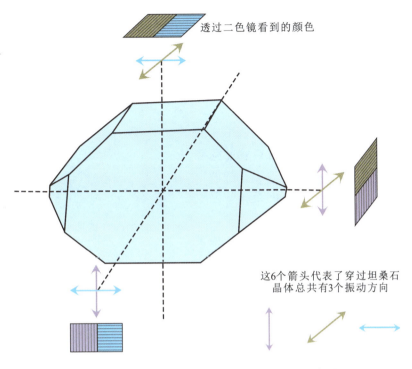

图3-2　坦桑石晶体中的振动方向和多色性示意图

宝石检测中常用的二色镜是冰洲石二色镜（图3-3），它由玻璃棱镜、冰洲石菱面体、透镜、通光窗口和目镜等部分组成（图3-4）。

冰洲石具有很强的双折射，其双折射率为0.172，它能将一束光分解成两束偏振光线。

图3-3　冰洲石二色镜

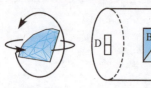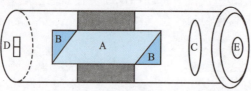

A.冰洲石菱面体；B.玻璃棱镜；C.透镜；D.通光窗口；E.目镜　　　　观测图像

图 3-4　冰洲石二色镜的结构图

冰洲石菱面体的长度设计成正好可以使小孔的两个图像在目镜里能并排成像。当观察非均质体宝石的多色性时，冰洲石将穿过宝石的两束平面偏振光进一步分离开，使两束光线的颜色并排出现于两个窗口中。

2. 偏光镜的原理和结构

偏振滤光片只允许入射光从一个振动方向通过来获取平面偏振光。当两个偏振滤光片振动方向相互垂直时光无法通过（图3-5），此时产生全消光现象，称为正交偏光。

偏光镜就是根据偏振光的特点制作的，其组成结构比较简单，主要是由上偏光片（检偏器）、下偏光片（起偏器）、玻璃载物台、光源组成（图3-6），光源一般采用普通白炽灯，还可配有干涉球。

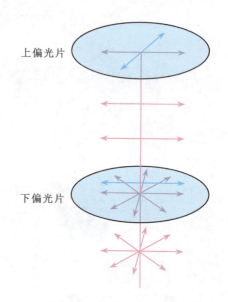

图 3-5　偏光镜正交位置示意

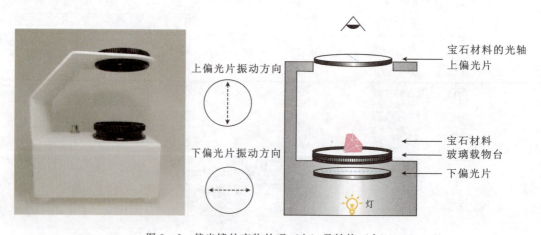

图 3-6　偏光镜的实物外观（左）及结构（右）

通常下偏光片是固定的，上偏光片可以转动，通过转动上偏光片，调整上偏光的方向。下偏光片的上方有一个可以旋转的玻璃载物台，用于放置宝石，配备的干涉球则用来观察宝石的干涉图。

当偏光镜光源发出的光经过下偏光片（起偏器）时，即产生了平面偏振光。如果上偏光（检偏器）与下偏光振动方向平行，那么来自下偏光片的偏振光全部通过，此时视域亮度最大；如果上偏光与下偏光振动方向垂直，此时来自下偏光片的偏振光全部被阻挡，此时视域最暗，即产生了全消光。根据宝石在正交偏光镜下转动一周表现的消光现象变化（也称明暗变化）的特点，可有效区分各向同性与各向异性的宝石以及区分单晶质和多晶质宝石。

三、实验内容

1. 二色镜

二色镜主要针对有色透明宝石，为一种宝石鉴定中的辅助仪器。观察比较红宝石、合成红宝石、蓝宝石、海蓝宝石、碧玺、托帕石、蓝宝石、红色玻璃、尖晶石等宝石材料的多色性特征，并要求准确描述它们。常见宝石的多色性见附表3-1。

根据多色性显示程度不同，一般分为四级：强多色性、中等多色性、弱多色性和无多色性。

强多色性：肉眼即可观察到不同方向颜色的差别，如堇青石、红柱石和蓝碧玺等。

中等多色性：肉眼难以观察到多色性，但二色镜下观察明显，如祖母绿、海蓝宝石和蓝色托帕石等。

弱多色性：二色镜下能观察到多色性，但多色性不明显，如黄晶、橄榄石和烟晶等。

无多色性：二色镜下不能观察到多色性，如石榴石、尖晶石等均质体宝石和无色或白色的非均质体宝石。

2. 偏光镜

偏光镜主要针对透明至半透明的宝石，为一种宝石鉴定中的辅助仪器。常见宝石在正交偏光镜下的现象见附表3-2。

（1）观察比较碧玺、海蓝宝石、水晶、烟晶、合成红宝石、托帕石、锆石、橄榄石、尖晶石、石榴石、各色玻璃、玛瑙、和田玉、翡翠等材料在偏光镜下的变化特点，并准确描述它们。

（2）学会干涉球的使用以及干涉图的观察，对于具有双折射的透明单晶体宝石（正交偏光下表现为四明四暗），在正交偏光下寻找光轴方向，即寻找出现干涉色的方位，然后利用干涉球观察干涉图，利用干涉图的特点来确定宝石的轴性。

四、实验指导

1. 二色镜实验指导

（1）将样品擦拭干净，采用白光或自然光透射待测样品。

（2）将样品置于二色镜小孔前，紧靠二色镜，保证进入二色镜的光为透射光（图3-7）。

（3）眼睛贴近二色镜目镜观察。

（4）转动宝石，至少从三个不同方向观察二色镜两个窗口的颜色差异。

（5）记录并分析结果。

如果有两种颜色的变化，则证明所测宝石为双折射，但不能确定是一轴晶还是二轴晶，如果有三种多色性颜色，则证明所测宝石是二轴晶。

二色镜的使用

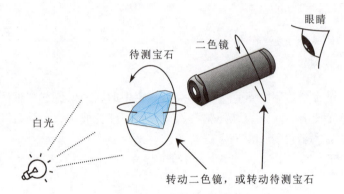

图3-7 移动二色镜调整焦距同时转动待测宝石

• 注意事项

（1）观察时必须采用透射光，光源应为白光或自然光，不能用单色光或偏振光。

（2）观察多色性时，要边观察边转动宝石或二色镜。

（3）有色的非均质体宝石沿光轴方向观察不显多色性。

（4）当宝石的两个振动方向与冰洲石菱面体的振动方向一致时，多色性最明显；当宝石的两个振动方向与冰洲石棱镜的两个振动方向呈45°时不显多色性。

（5）具三色性的宝石，其三种颜色在不同方向上显示，从一个方向观察，只能见到两种颜色。

（6）有色带的宝石，如紫晶，不要将色带区与多色性相混。

（7）多色性的缺失，不能判定该宝石是均质体。

（8）对弱多色性现象应持怀疑态度，如不能肯定测试结果，应忽略本项测试。

在宝石鉴定中，二色镜是宝石检测中一种有用的辅助仪器，多色性只是作为一种辅助证据，它不是真正的诊断性检测方法，它的使用应始终有其他测试方法的支持。

2. 偏光镜实验指导

1）偏光镜的使用方法

（1）擦干净玻璃载物台和宝石样品，接通电源，打开开关。

（2）转动上偏光片直至视域最暗，此时偏光镜的上下偏光处于正交（全消光）位置。

偏光镜的使用

(3) 将待测宝石置于下偏光片上的玻璃载物台上。

(4) 转动玻璃载物台360°（若无载物台，可用手或镊子在水平方向上转动宝石360°），仔细观察样品的明暗变化特点。

(5) 记录并分析结果。

2) 光性判定

(1) 宝石转动360°，始终为全暗现象，表明全消光，为均质体宝石。

(2) 宝石转动360°，始终为全亮现象，表明集合消光，为多晶质或者裂隙较多的宝石。

(3) 宝石转动360°，出现四明四暗现象，表明正常消光，是非均质体宝石。

(4) 宝石转动360°，出现斑纹状、十字型、格子状和不规则状的明暗变化时（图3-8），则为异常消光（异常双折射），说明宝石为各向同性的宝石，需要进一步验证测试。

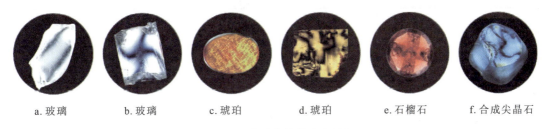

a. 玻璃　　b. 玻璃　　c. 琥珀　　d. 琥珀　　e. 石榴石　　f. 合成尖晶石

图3-8　常见的异常消光现象

验证测试步骤为在正交偏光下将宝石旋转至最亮的位置，然后迅速将上偏光转至与下偏光平行的位置，若宝石变得更亮，则为异常消光（即均质体宝石）；若宝石亮度保持不变或稍暗，则为非均质体宝石。

3) 干涉图观察

(1) 接通电源，打开偏光镜电源开关；将偏光镜转至正交位置。如宝石呈现四明四暗变化时，则可进行干涉图的观察。

(2) 手持样品转动宝石，寻找宝石的光轴方向。光轴方向可见干涉色，如在某一方向观察到干涉色（图3-9），还可将宝石转动180°在与之相反的方向寻找干涉色，将干涉球置于干涉色最浓集的位置上即可观察到干涉图（图3-10）。

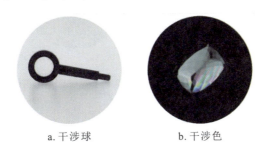

a. 干涉球　　　　b. 干涉色

图3-9　在正交偏光镜下观察到的非均质体宝石表面的干涉色以及干涉球

(3) 记录并分析结果。

注意，宝石的干涉图只有在宝石的光轴或近似光轴的方向才能观察到，因此在观察宝石干涉图时需要不断地转动宝石，调整宝石方位，才有可能寻找到该方向及观察到干涉图。

4) 干涉图结果判定

一轴晶宝石为带色圈的黑十字、牛眼状（中空黑十字）或螺旋桨状干涉图（图3-11、图3-12），二轴晶宝石的干涉图为带色圈黑色双臂或单臂（图3-13、图3-14）。

• 注意事项

（1）偏光镜不适用于不透明和暗色宝石。

（2）样品不能太小，否则难以观察和解释。

（3）多裂隙或多包裹体的样品，因光线在其中的传播受到影响，可能会出现全亮的现象。

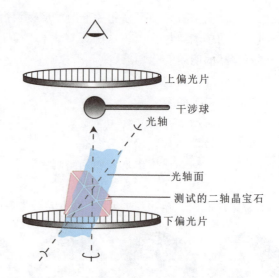

图3-10 沿二轴晶的单个光轴观察干涉图示意图

a. 黑十字干涉图　　b. 牛眼状干涉图　　c. 螺旋桨状干涉图

图3-11 一轴晶宝石的干涉图示意图

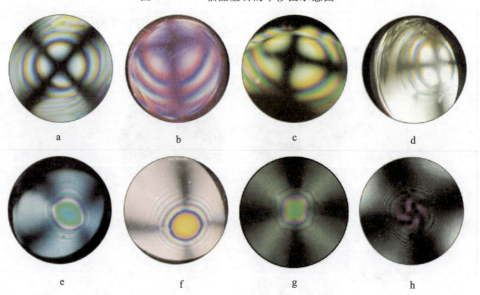

图3-12 一轴晶宝石的干涉图实拍图

a. 双臂干涉图（双光轴）　　　　　　　　　b. 单臂干涉图（单光轴）

图 3-13　二轴晶宝石的干涉图示意图

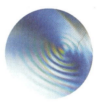

a. 双臂干涉图（双光轴）　　　　　　　　　b. 单臂干涉图（单光轴）

图 3-14　二轴晶宝石干涉图的实拍图

（4）测试过程中，除了转动宝石以外，还应转换宝石的方位，以排除因光线沿光轴方向传播造成的假象。

（5）有些均质体宝石如石榴石、玻璃、尖晶石、欧泊、琥珀等，因为异常双折射，可能出现许多不同的异常现象，可以配合使用其他仪器如二色镜、折射仪等进行验证。

常见宝石的多色性见表 3-1，偏光镜效应归纳见表 3-2。

表 3-1　常见宝石的多色性

宝石名称	多色性强弱程度	多色性颜色
红宝石	强	浅黄红/红色
蓝色蓝宝石	强	浅蓝绿/深蓝色
绿色蓝宝石	强	浅黄绿/绿色
紫色蓝宝石	强	浅黄红/紫色
变石	强	深红/橙黄/绿色
钒致色合成刚玉（变石仿制品）	强	褐绿或浅黄/浅紫色
红色碧玺	强	粉红/深红色
绿色碧玺	强	淡或亮绿/深绿到褐
蓝色碧玺	强	浅蓝色/深蓝色
褐色碧玺	强	浅黄褐/深褐色
红柱石	强	褐黄绿/褐橙/褐红色
蓝锥矿	强	无色/靛蓝色

续表 3-1

宝石名称	多色性强弱程度	多色性颜色
绿帘石	强	浅黄绿/绿色/黄色
堇青石	强	浅黄色/浅蓝色/紫蓝色
粉色锂辉石	强	无色/粉红/紫色
绿色锂辉石	强	淡蓝绿/草绿色/浅黄绿色
黄色锂辉石	强	浅黄/黄色/深黄色
蓝色坦桑石	强	处理的蓝色宝石常显深蓝/紫色；未处理的显蓝色/绿黄色或黄褐色/紫色三色性
矽线石	强	无色/浅黄色/蓝色
祖母绿	中等	蓝绿/黄绿色
海蓝宝石	中等	无色/淡蓝色
铯绿柱石	中等	浅粉红/浅紫红
金色绿柱石	中等	绿黄色/黄色或不同程度的黄色
金绿宝石	中等	淡黄红/浅绿黄/绿色
猫眼	中等	无色/淡黄/柠檬黄
深"雪利"黄色托帕石	中等	粉红黄/稻草黄/蜜黄
蓝色托帕石	中等	蓝色的不同色调
粉红色托帕石（热处理）	中等	无色或淡黄色/淡粉红/粉红
绿色托帕石	中等	无色/浅蓝绿/淡绿
紫晶	中等	浅紫/红紫
蓝色锆石	中等	无色或棕黄/天蓝色
蓝色磷灰石	中等	蓝色/无色或浅黄色
顽火辉石	中等	浅黄绿/绿/淡褐绿色
蓝晶石	中等	淡蓝色/蓝色/蓝黑色
紫色方柱石	中等	淡蓝紫/蓝紫红色
橄榄石	弱	淡黄/浅绿色
黄晶（通常是热处理的）	弱	淡黄/黄
烟晶	弱	浅红褐/褐色
芙蓉石	弱	淡粉红/粉红
红—红褐色锆石	弱	淡红褐/褐色
绿色锆石	弱	绿色/黄绿色

表 3-2 偏光镜效应归纳表

操作与现象	结论	实例
宝石转动 360°，全暗	各向同性材料：非晶质的或是等轴晶系的宝石	石榴石、尖晶石、人造玻璃、天然玻璃、萤石、钻石、塑料和欧泊等
宝石转动 360°，四明四暗	各向异性材料：一轴晶或二轴晶宝石	刚玉族宝石、绿柱石族宝石、金绿宝石、锆石、托帕石、石英、长石族宝石、坦桑石等
宝石转动 360°，全亮	多晶质材料 双晶发育的材料 裂隙发育的材料 拼合石	翡翠、玛瑙/玉髓、蛇纹石玉等 蓝宝石、红宝石 碧玺、祖母绿等 蓝宝石/合成红宝石二层石
宝石转动 360°，异常消光	异常双折射，各向同性的材料	人造玻璃、天然玻璃、萤石、铁铝榴石、钻石、塑料、琥珀、焰熔法合成尖晶石

五、实验记录

实验作好记录，将观察到的现象规范记录于表 3-3 中。
填表说明如下。
（1）记录样品的编号、名称，并描述样品的颜色、琢型和透明度。
（2）"多色性特征"栏目：仅观察有颜色的单晶宝石，若有多色性，记录多色性级别及多色性颜色，见例1、例2；若无明显的变化或颜色不易观察，则记录为"无"，见例3。
（3）"偏光镜下现象及结论"栏目：需要文字和绘图描述。文字描述：说明宝石在正交偏光镜下转动一周出现的现象，如四明四暗、全亮或集合消光、全暗、异常消光，并说明根据现象判定出的结论，如为均质体宝石或非均质体宝石等，见例1~例4；图示绘制主要针对可以观察到干涉图的非均质体单晶宝石，如可观察到黑十字干涉图，则应把干涉图绘制出来并得出结论为一轴晶宝石，见例1，若没有观察到干涉图，此项描述及绘图可忽略。

表 3-3 实验三记录表

编号	宝石名称	观察内容	多色性特征	偏光镜下现象及结论
GIC-1 （例1）	红宝石	1. 颜色 深玫红色 2. 形态或琢型 椭圆刻面型 3. 透明度 透明	强，浅黄红/红色	正交偏光下转动宝石一周显示四明四暗，为非均质体宝石（或各向异性宝石）；可见一轴晶黑十字干涉图，说明为一轴晶宝石

续表 3-3

编号	宝石名称	观察内容	多色性特征	偏光镜下现象及结论
GIC-2（例2）	金绿宝石	1. 颜色 黄绿色 2. 形态或琢型 椭圆刻面型 3. 透明度 透明	中等，淡黄/浅绿黄/浅绿色	正交偏光下转动宝石一周显示四明四暗，为非均质体宝石（或各向异性宝石或双折射宝石）
GIC-3（例3）	尖晶石	1. 颜色 紫红色 2. 形态或琢型 圆形刻面型 3. 透明度 透明	无	正交偏光下转动宝石一周显示全暗，为均质体宝石（或各向同性宝石或单折射宝石）
GIC-4（例4）	玛瑙	1. 颜色 棕红色 2. 形态或琢型 椭圆弧面型 3. 透明度 半透明	无	正交偏光下转动宝石一周显示全亮，为多晶质集合体
		1. 颜色 2. 形态或琢型 3. 透明度		
		1. 颜色 2. 形态或琢型 3. 透明度		
		1. 颜色 2. 形态或琢型 3. 透明度		

续表 3-3

编号	宝石名称	观察内容	多色性特征	偏光镜下现象及结论
		1. 颜色 2. 形态或琢型 3. 透明度		
		1. 颜色 2. 形态或琢型 3. 透明度		
		1. 颜色 2. 形态或琢型 3. 透明度		
		1. 颜色 2. 形态或琢型 3. 透明度		
		1. 颜色 2. 形态或琢型 3. 透明度		
		1. 颜色 2. 形态或琢型 3. 透明度		

续表 3-3

编号	宝石名称	观察内容	多色性特征	偏光镜下现象及结论
		1. 颜色 2. 形态或琢型 3. 透明度		
		1. 颜色 2. 形态或琢型 3. 透明度		
		1. 颜色 2. 形态或琢型 3. 透明度		
		1. 颜色 2. 形态或琢型 3. 透明度		
		1. 颜色 2. 形态或琢型 3. 透明度		
		1. 颜色 2. 形态或琢型 3. 透明度		

续表 3-3

编号	宝石名称	观察内容	多色性特征	偏光镜下现象及结论
		1. 颜色 2. 形态或琢型 3. 透明度		
		1. 颜色 2. 形态或琢型 3. 透明度		
		1. 颜色 2. 形态或琢型 3. 透明度		
		1. 颜色 2. 形态或琢型 3. 透明度		
		1. 颜色 2. 形态或琢型 3. 透明度		
		1. 颜色 2. 形态或琢型 3. 透明度		

续表 3-3

编号	宝石名称	观察内容	多色性特征	偏光镜下现象及结论
		1. 颜色 2. 形态或琢型 3. 透明度		
		1. 颜色 2. 形态或琢型 3. 透明度		
		1. 颜色 2. 形态或琢型 3. 透明度		
		1. 颜色 2. 形态或琢型 3. 透明度		
		1. 颜色 2. 形态或琢型 3. 透明度		
		1. 颜色 2. 形态或琢型 3. 透明度		

实验四　宝石显微镜和紫外灯的使用

一、实验目的及要求

(1) 了解宝石显微镜的原理、结构和用途。
(2) 学会操作宝石显微镜；针对不同的内外部特征，熟练选择合适的照明方式。
(3) 认识显微镜下所观察的各种宝石内含物，学会分辨固体、气体和液体包裹体。
(4) 掌握紫外灯的使用方法。

二、仪器原理及结构

1. 宝石显微镜

宝石显微镜是利用凸透镜的成像原理，将人眼不能分辨的微小物体放大到人眼能分辨的尺寸。与放大镜不同的是，显微镜由两个（组）会聚透镜组成，其光路如图 4-1 所示。物体位于物镜一倍焦距以外，二倍焦距内，经物镜后成放大倒立的实像，而该实像正好位于目镜的物方焦距的内侧，经目镜后成放大的虚像于明视距离处。宝石显微镜的结构如图 4-2 所示。

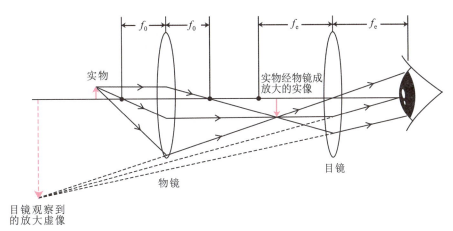

图 4-1　宝石显微镜光路图

2. 紫外灯

紫外灯是利用发出长波（365nm）和短波（254nm）两个波长的紫外灯管照射宝石，观察宝石的荧光性和磷光性的仪器（图 4-3）。

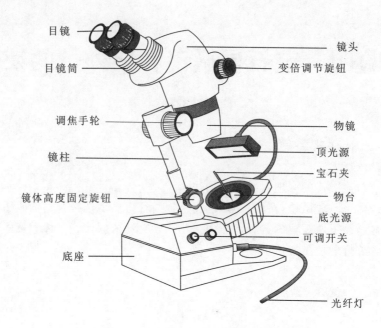

图 4-2 悬臂式宝石显微镜结构图

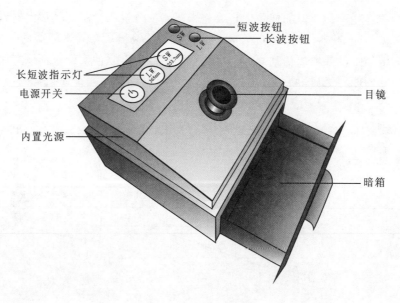

图 4-3 紫外灯结构图

二、实验内容

1. 显微镜实验内容

使用显微镜掌握宝石以下特征的观察方法。

(1) 观察宝石表面特征：表面划痕、刻面棱破损程度、裂隙分布、原石的晶面蚀象等。
(2) 宝石内部特征：包裹体的形态、颜色、生长色带、愈合裂隙、后刻面棱重影等。
(3) 宝石的结构特征：裂隙、断口、解理，颗粒间是否有注塑、注油、注胶现象。
(4) 拼合石观察：寻找拼合线，找出拼合面上的气泡，拼合部分的颜色、光泽差异。

观察锆石、红宝石、铁铝榴石、尖晶石、翠榴石、橄榄石、拼合欧泊、合成红宝石、染色石英岩、水晶、翡翠、东陵石等宝石表面及内部特征。

(5) 会简单绘制特征包裹体素描图（图4-4）。

2. 紫外灯实验内容

学会观察以下宝石的荧光特征并规范记录。

(1) 具有荧光的宝石：红宝石、合成红宝石、红色尖晶石、合成钴尖晶石、充填处理翡翠。
(2) 一般无荧光的宝石：橄榄石、金绿宝石、蓝色蓝宝石、海蓝宝石、石榴石族。
(3) 其他宝石。

三、实验指导

1. 显微镜的调节与使用

(1) 目镜焦距的调节。

许多人左右眼睛视力不一致，因此在使用显微镜前要对目镜焦距进行调节，使双眼能同时准焦，减轻视觉疲劳。双目立体显微镜至少一侧目镜可以微调焦距。下面以左侧目镜焦距可调为例，具体步骤如下。

①在一张白纸上点一黑点作为观察目标，放置于底光源上方。
②将显微镜物镜倍数置于最小处，打开显微镜底光源，采用亮域照明方式。
③根据双眼宽度调节两目镜间距，直到双眼视域重合。
④转动焦距调焦手轮，调节焦距，使得目标清晰并置于视域中心。
⑤缓慢将物镜倍数调至最大，闭上左眼仅用右眼观察并调焦使目标清晰。
⑥固定焦距调焦手轮，闭上右眼。转动左侧目镜调焦旋钮，仅对左眼再次准焦（切记，在此过程中不能转动焦距调焦手轮）。

(2) 将待测宝石清洗干净，用宝石夹稳定地夹持宝石，置于显微镜底光源上方的中央。

(3) 打开灯源，根据观察目的选择合适的照明方式，常用以下三种。

①反射照明（顶光照明）。采用顶光照明，在反射光条件下观察宝玉石的表面特征或近表面内部特征，如凹坑、划痕、棱线及腰棱附近破损状况、翡翠及处理品的表面特征、珍珠的叠瓦状构造等；也用于观察宝石的切工状况，如棱线尖锐或者圆滑，面棱是否交会于一点，是否有抛光纹、烧灼痕等。

②暗域照明。打开底光源，移入挡板，此时光线通过碗状反射器的反射从周围将宝石照亮，而宝石正下方几乎无光线射上来，使得包裹体在暗背景下呈现更清晰的影像，适用于大多数透明宝石包裹体的观察。该方法是最为常用的方法，对眼睛刺激较小，适合长时间观察。

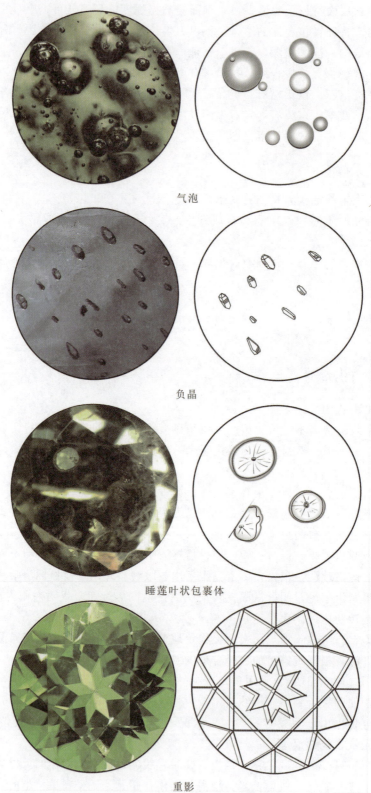

气泡

负晶

睡莲叶状包裹体

重影

图 4-4 特征包裹体及素描图

实验四 宝石显微镜和紫外灯的使用

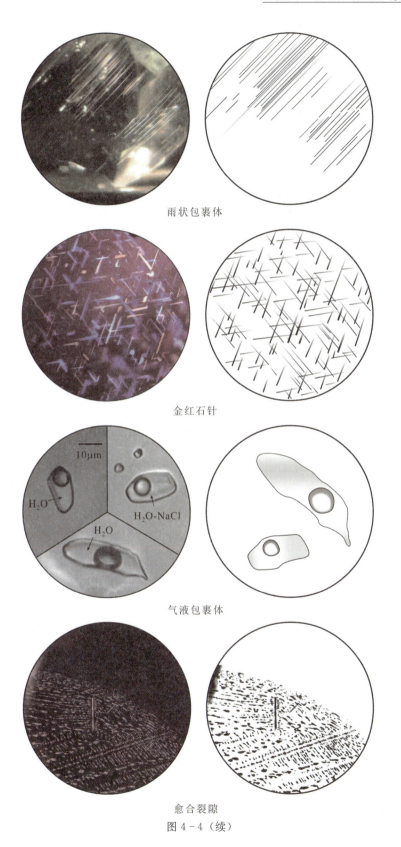

雨状包裹体

金红石针

气液包裹体

愈合裂隙

图 4-4（续）

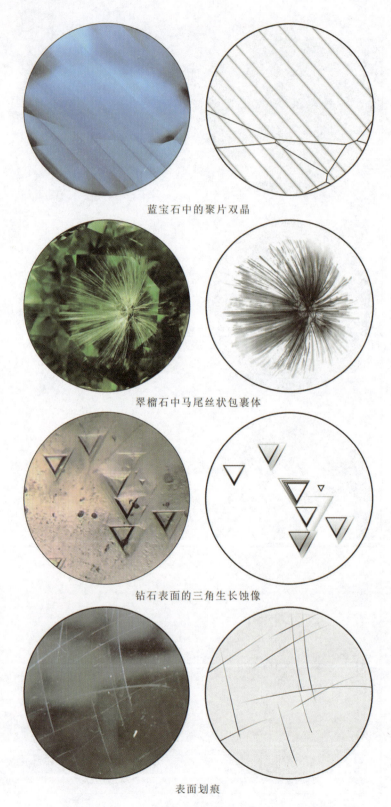

蓝宝石中的聚片双晶

翠榴石中马尾丝状包裹体

钻石表面的三角生长蚀像

表面划痕

图 4-4（续）

③亮域照明。移除底光源上方挡板，使底光源的光线直接透过宝石进入物镜。该照明方式对于色带、生长纹和低突起的包裹体会有相对较好的观察效果。另外，也适用于透明度相对较差的宝石，观察它们的包裹体需要较强的光源照明，此时配合锁光圈可以获得相对较好的观察效果。

（4）首先在低倍物镜下，通过转动调焦手轮调节焦距，从各个方位观察宝石的内外部特征。

（5）将需重点观察的内外部特征调至视域中央，根据需要，逐步增加放大倍数（需配合调节焦距，使物像清晰），仔细观察。

（6）对观察到的现象按表格要求进行详细记录。

（7）使用完毕，关掉电源，将物镜调低，镜体调至直立。

• **注意事项**

宝石显微镜是较为贵重和十分精密的光学仪器，所以在使用时和使用后都要好好维护和保养，应注意以下事项。

（1）显微镜的光学部分，只能用擦镜头纸擦拭，不可乱用他物擦拭，更不能用手指触摸透镜。

（2）务必用双手同时旋转调焦手轮进行调节，动作要轻柔，避免快速大幅度旋转对齿轮造成损伤。

（3）关闭电源前应先将显微镜光源亮度调至最低，以保证下次打开时亮度调节旋钮处于最低挡，以延长灯泡寿命。

（4）显微镜的保存最好在干燥、清洁的环境中，要注意防尘、防震，不用时应置于箱中或套上防尘罩。

2. 紫外荧光仪

（1）将待测宝玉石擦拭干净。

（2）将待测宝石置于紫外灯暗箱中的适当位置，关上门（或抽屉）。

（3）打开光源，分别选择长波（LW）或短波（SW），观察宝石的发光性（颜色、强度、部位），必要时转动宝石多方位观察。

（4）记录荧光颜色和强度。荧光的强弱常分为无（惰性）、弱、中、强四个等级。

注：弱荧光下的颜色较难分辨，可不用描述颜色特征。

（5）若关掉电源，样品仍继续发光，记录其磷光性。

• **注意事项**

（1）电源打开时，不要将手伸入暗箱；切记不要直视紫外线，以免伤害眼睛。

（2）有时由于宝石刻面对紫外光的反射，会造成宝石有紫色荧光假象。此时只需将宝石放置方位稍加改变即可，并且荧光是宝石整体发光，而反射紫外光为局部。

（3）观察荧光时，应让眼睛在黑暗中适应一会儿，有助于弱荧光的观察。

（4）注意荧光的颜色和发出部位，如果为不均匀发光，应仔细查找原因。如局部含有方解石的玉石易发不均匀白色荧光，某些用环氧树脂等有机材料修补的宝玉石也会在局部发白色荧光。

(5) 同类宝石的不同样品荧光可能有差异。
(6) 不同厂家的紫外灯光源强度会有差异，因此荧光强度分级仅作参考。
(7) 荧光检测为辅助性检测，一般不作为决定性依据。

四、实验记录

实验做好记录，将观察到的现象规范记录于表4-1中。
填表说明如下。
(1) 颜色：正确描述宝石的颜色，如"粉红色""蓝绿色，颜色不均"等。
(2) 形态或琢型：对于原石可以描述晶形，如"柱状晶体"，切磨后的宝石，看是刻面型还是弧面型，再结合腰围形状进行描述，如"椭圆刻面型""水滴弧面型"等。
(3) 透明度：宝石的透明度分为透明、亚透明、半透明、微透明及不透明五个等级。
(4) 光泽：(亚)金刚光泽、(强)玻璃光泽、油脂光泽、蜡状光泽等。
(5) 内部特征：描述显微镜底光源下观察到的宝石内部现象，包括但不限于各种矿物包裹体、流体包裹体（气液包裹体）、愈合裂隙、双晶纹、后刻面棱重影等（可自行绘制素描图）。
(6) 表面特征：描述在反射光（顶光源）下观察到的宝石表面呈现的现象，主要有划痕、抛光纹、棱线破损、缺口（断口）、解理（裂理），原石的晶面花纹等。
(7) 荧光特征：正确描述宝石在紫外灯的长波（LW）和短波（SW）下的荧光的强度和颜色。如"LW：强，红色；SW：弱，红色"。务必写出荧光的强度（强、中、弱、无）和颜色。

表4-1 实验四记录表

编号	宝石名称	外观观察	显微观察
样例 GIC-01	红宝石	1. 颜色 红色，可见角状色带 2. 形态或琢型 椭圆刻面型 3. 透明度 半透明 4. 光泽 强玻璃光泽	1. 内部特征 指纹状愈合裂隙（见示意图），三组针状包裹体，黑色不透明矿物包裹体 2. 表面特征 可见轻微抛光纹，棱线轻微破损 3. 荧光特征 LW：强，红色 SW：中，红色
样例 GIC-02	碧玉	1. 颜色 深绿色 2. 形态或琢型 圆弧面型 3. 透明度 微透明 4. 光泽 油脂光泽	1. 内部特征 隐晶质结构，局部可见少许黑色矿物 2. 表面特征 可见轻微抛光纹 3. 荧光特征 长短波下均无荧光

续表 4-1

编号	宝石名称	外观观察	显微观察
		1. 颜色 2. 形态或琢型 3. 透明度 4. 光泽	1. 内部特征 2. 表面特征 3. 荧光特征
		1. 颜色 2. 形态或琢型 3. 透明度 4. 光泽	1. 内部特征 2. 表面特征 3. 荧光特征
		1. 颜色 2. 形态或琢型 3. 透明度 4. 光泽	1. 内部特征 2. 表面特征 3. 荧光特征
		1. 颜色 2. 形态或琢型 3. 透明度 4. 光泽	1. 内部特征 2. 表面特征 3. 荧光特征
		1. 颜色 2. 形态或琢型 3. 透明度 4. 光泽	1. 内部特征 2. 表面特征 3. 荧光特征

续表 4-1

编号	宝石名称	外观观察	显微观察
		1. 颜色 2. 形态或琢型 3. 透明度 4. 光泽	1. 内部特征 2. 表面特征 3. 荧光特征
		1. 颜色 2. 形态或琢型 3. 透明度 4. 光泽	1. 内部特征 2. 表面特征 3. 荧光特征
		1. 颜色 2. 形态或琢型 3. 透明度 4. 光泽	1. 内部特征 2. 表面特征 3. 荧光特征
		1. 颜色 2. 形态或琢型 3. 透明度 4. 光泽	1. 内部特征 2. 表面特征 3. 荧光特征
		1. 颜色 2. 形态或琢型 3. 透明度 4. 光泽	1. 内部特征 2. 表面特征 3. 荧光特征

续表 4-1

编号	宝石名称	外观观察	显微观察
		1. 颜色 2. 形态或琢型 3. 透明度 4. 光泽	1. 内部特征 2. 表面特征 3. 荧光特征
		1. 颜色 2. 形态或琢型 3. 透明度 4. 光泽	1. 内部特征 2. 表面特征 3. 荧光特征
		1. 颜色 2. 形态或琢型 3. 透明度 4. 光泽	1. 内部特征 2. 表面特征 3. 荧光特征
		1. 颜色 2. 形态或琢型 3. 透明度 4. 光泽	1. 内部特征 2. 表面特征 3. 荧光特征
		1. 颜色 2. 形态或琢型 3. 透明度 4. 光泽	1. 内部特征 2. 表面特征 3. 荧光特征

续表 4-1

编号	宝石名称	外观观察	显微观察
		1. 颜色 2. 形态或琢型 3. 透明度 4. 光泽	1. 内部特征 2. 表面特征 3. 荧光特征
		1. 颜色 2. 形态或琢型 3. 透明度 4. 光泽	1. 内部特征 2. 表面特征 3. 荧光特征
		1. 颜色 2. 形态或琢型 3. 透明度 4. 光泽	1. 内部特征 2. 表面特征 3. 荧光特征
		1. 颜色 2. 形态或琢型 3. 透明度 4. 光泽	1. 内部特征 2. 表面特征 3. 荧光特征
		1. 颜色 2. 形态或琢型 3. 透明度 4. 光泽	1. 内部特征 2. 表面特征 3. 荧光特征

续表 4－1

编号	宝石名称	外观观察	显微观察
		1. 颜色 2. 形态或琢型 3. 透明度 4. 光泽	1. 内部特征 2. 表面特征 3. 荧光特征
		1. 颜色 2. 形态或琢型 3. 透明度 4. 光泽	1. 内部特征 2. 表面特征 3. 荧光特征
		1. 颜色 2. 形态或琢型 3. 透明度 4. 光泽	1. 内部特征 2. 表面特征 3. 荧光特征
		1. 颜色 2. 形态或琢型 3. 透明度 4. 光泽	1. 内部特征 2. 表面特征 3. 荧光特征
		1. 颜色 2. 形态或琢型 3. 透明度 4. 光泽	1. 内部特征 2. 表面特征 3. 荧光特征

实验五　仪器的综合使用

一、实验目的和要求

（1）复习折射仪、宝石显微镜、偏光镜、分光镜、二色镜、滤色镜、紫外灯的原理、结构和用途。

（2）熟练掌握常用鉴定仪器的使用方法并能得出正确测试结果。

二、实验内容

折射仪、宝石显微镜、偏光镜、分光镜、二色镜、滤色镜和紫外灯。

三、实验记录

作好实验记录，将观察到的现象规范记录于下面表5-1中。

填表说明如下。

根据各仪器的实验记录要求填写表格。

实验五 仪器的综合使用

表 5-1 实验五记录表

编号	宝石名称	肉眼观察	显微观察	折射仪、偏光镜	其他（滤色镜、吸收光谱、荧光等）
GIC-01	碧玺	1. 颜色 暗绿色、颜色分布均匀 2. 形态或琢型 祖母绿琢型 3. 透明度 透明 4. 光泽 玻璃光泽	1. 内部特征 有几条贯穿整个标本的波状愈合裂隙（见示意图） 2. 表面特征 刻面棱轻微磨损	折射仪： RI:1.621-1.639 DR:0.018 一轴晶（一） 偏光检查： 转动宝石一周，宝石四明四暗，为各向异性宝石	滤色镜：无反应 二色镜：暗多色性，暗褐绿/浅黄绿色 吸收光谱：无典型光谱 400nm ▭ 700nm 荧光：无荧光
GIC-02	翡翠（漂白充填处理）	1. 颜色 浅绿色、分布不均匀 2. 形态或琢型 椭圆弧面型 3. 透明度 半透明 4. 光泽 玻璃光泽	1. 内部特征 结构比较细腻，具粒状-纤维状变晶结构，局部有石花和少数细小的石纹 2. 表面特征 可见大量的酸蚀网纹，充填裂隙，局部有较小的凹坑	折射仪： RI（点）:1.66 偏光检查： 转动一周，全亮，为多晶质集合体	滤色镜：无反应 二色镜：/ 吸收光谱：紫光区典型的437nm吸收线 400nm ▮ 500nm 700nm 荧光：LW：强，蓝白色荧光，SW：弱，蓝色荧光
		1. 颜色 2. 形态或琢型 3. 透明度 4. 光泽	1. 内部特征 2. 表面特征	折射仪： 偏光检查：	滤色镜： 二色镜： 吸收光谱： 400nm ▭ 700nm 荧光：

续表 5-1

编号	宝石名称	肉眼观察	显微观察	折射仪、偏光镜	其他（滤色镜、吸收光谱、荧光等）
		1. 颜色 2. 形态或琢型 3. 透明度 4. 光泽	1. 内部特征 2. 表面特征	折射仪： 偏光检查：	滤色镜： 二色镜： 吸收光谱： 400nm 〔　　　〕 700nm 荧光：
		1. 颜色 2. 形态或琢型 3. 透明度 4. 光泽	1. 内部特征 2. 表面特征	折射仪： 偏光检查：	滤色镜： 二色镜： 吸收光谱： 400nm 〔　　　〕 700nm 荧光：
		1. 颜色 2. 形态或琢型 3. 透明度 4. 光泽	1. 内部特征 2. 表面特征	折射仪： 偏光检查：	滤色镜： 二色镜： 吸收光谱： 400nm 〔　　　〕 700nm 荧光：

实验五 仪器的综合使用

续表 5－1

编号	宝石名称	肉眼观察	显微观察	折射仪、偏光镜	其他（滤色镜、吸收光谱、荧光等）
		1. 颜色 2. 形态或琢型 3. 透明度 4. 光泽	1. 内部特征 2. 表面特征	折射仪： 偏光检查：	滤色镜： 二色镜： 吸收光谱： 700nm □ 400nm 荧光：
		1. 颜色 2. 形态或琢型 3. 透明度 4. 光泽	1. 内部特征 2. 表面特征	折射仪： 偏光检查：	滤色镜： 二色镜： 吸收光谱： 700nm □ 400nm 荧光：
		1. 颜色 2. 形态或琢型 3. 透明度 4. 光泽	1. 内部特征 2. 表面特征	折射仪： 偏光检查：	滤色镜： 二色镜： 吸收光谱： 700nm □ 400nm 荧光：

续表 5-1

编号	宝石名称	肉眼观察	显微观察	折射仪、偏光镜	其他（滤色镜、吸收光谱、荧光等）
		1. 颜色 2. 形态或琢型 3. 透明度 4. 光泽	1. 内部特征 2. 表面特征	折射仪： 偏光检查：	滤色镜： 二色镜： 吸收光谱 700nm □ 400nm 荧光：
		1. 颜色 2. 形态或琢型 3. 透明度 4. 光泽	1. 内部特征 2. 表面特征	折射仪： 偏光检查：	滤色镜： 二色镜： 吸收光谱 700nm □ 400nm 荧光：
		1. 颜色 2. 形态或琢型 3. 透明度 4. 光泽	1. 内部特征 2. 表面特征	折射仪： 偏光检查：	滤色镜： 二色镜： 吸收光谱 700nm □ 400nm 荧光：

实验五　仪器的综合使用

续表 5-1

编号	宝石名称	肉眼观察	显微观察	折射仪、偏光镜	其他（滤色镜、吸收光谱、荧光等）
		1. 颜色 2. 形态或琢型 3. 透明度 4. 光泽	1. 内部特征 2. 表面特征	折射仪： 偏光检查：	滤色镜： 二色镜： 吸收光谱 700nm　　　400nm 荧光：
		1. 颜色 2. 形态或琢型 3. 透明度 4. 光泽	1. 内部特征 2. 表面特征	折射仪： 偏光检查：	滤色镜： 二色镜： 吸收光谱 700nm　　　400nm 荧光：
		1. 颜色 2. 形态或琢型 3. 透明度 4. 光泽	1. 内部特征 2. 表面特征	折射仪： 偏光检查：	滤色镜： 二色镜： 吸收光谱 700nm　　　400nm 荧光：

续表 5−1

编号	宝石名称	肉眼观察	显微观察	折射仪、偏光镜	其他（滤色镜、吸收光谱、荧光等）
		1. 颜色 2. 形态或琢型 3. 透明度 4. 光泽	1. 内部特征 2. 表面特征	折射仪： 偏光检查：	滤色镜： 二色镜： 吸收光谱： 700nm [ ] 400nm 荧光：
		1. 颜色 2. 形态或琢型 3. 透明度 4. 光泽	1. 内部特征 2. 表面特征	折射仪： 偏光检查：	滤色镜： 二色镜： 吸收光谱： 700nm [ ] 400nm 荧光：
		1. 颜色 2. 形态或琢型 3. 透明度 4. 光泽	1. 内部特征 2. 表面特征	折射仪： 偏光检查：	滤色镜： 二色镜： 吸收光谱： 700nm [ ] 400nm 荧光：

续表 5-1

编号	宝石名称	肉眼观察	显微观察	折射仪、偏光镜	其他（滤色镜、吸收光谱、荧光等）
		1. 颜色 2. 形态或琢型 3. 透明度 4. 光泽	1. 内部特征 2. 表面特征	折射仪： 偏光检查：	滤色镜： 二色镜： 吸收光谱： 700nm ▭ 400nm 荧光：
		1. 颜色 2. 形态或琢型 3. 透明度 4. 光泽	1. 内部特征 2. 表面特征	折射仪： 偏光检查：	滤色镜： 二色镜： 吸收光谱： 700nm ▭ 400nm 荧光：
		1. 颜色 2. 形态或琢型 3. 透明度 4. 光泽	1. 内部特征 2. 表面特征	折射仪： 偏光检查：	滤色镜： 二色镜： 吸收光谱： 700nm ▭ 400nm 荧光：

实验五 仪器的综合使用

续表 5-1

编号	宝石名称	肉眼观察	显微观察	折射仪、偏光镜	其他(滤色镜、吸收光谱、荧光等)
		1. 颜色 2. 形态或琢型 3. 透明度 4. 光泽	1. 内部特征 2. 表面特征	折射仪： 偏光检查：	滤色镜： 二色镜： 吸收光谱： 700nm　　　400nm 荧光：
		1. 颜色 2. 形态或琢型 3. 透明度 4. 光泽	1. 内部特征 2. 表面特征	折射仪： 偏光检查：	滤色镜： 二色镜： 吸收光谱： 700nm　　　400nm 荧光：
		1. 颜色 2. 形态或琢型 3. 透明度 4. 光泽	1. 内部特征 2. 表面特征	折射仪： 偏光检查：	滤色镜： 二色镜： 吸收光谱： 700nm　　　400nm 荧光：

实验五 仪器的综合使用

续表 5-1

编号	宝石名称	肉眼观察	显微观察	折射仪、偏光镜	其他(滤色镜、吸收光谱、荧光等)
		1. 颜色 2. 形态或琢型 3. 透明度 4. 光泽	1. 内部特征 2. 表面特征	折射仪： 偏光检查：	滤色镜： 二色镜： 吸收光谱： 700nm □ 400nm 荧光：
		1. 颜色 2. 形态或琢型 3. 透明度 4. 光泽	1. 内部特征 2. 表面特征	折射仪： 偏光检查：	滤色镜： 二色镜： 吸收光谱： 700nm □ 400nm 荧光：
		1. 颜色 2. 形态或琢型 3. 透明度 4. 光泽	1. 内部特征 2. 表面特征	折射仪： 偏光检查：	滤色镜： 二色镜： 吸收光谱： 700nm □ 400nm 荧光：

续表 5-1

编号	宝石名称	肉眼观察	显微观察	折射仪、偏光镜	其他（滤色镜、吸收光谱、荧光等）
		1. 颜色 2. 形态或琢型 3. 透明度 4. 光泽	1. 内部特征 2. 表面特征	折射仪： 偏光检查：	滤色镜： 二色镜： 吸收光谱： 400nm〔　　　〕700nm 荧光：
		1. 颜色 2. 形态或琢型 3. 透明度 4. 光泽	1. 内部特征 2. 表面特征	折射仪： 偏光检查：	滤色镜： 二色镜： 吸收光谱： 400nm〔　　　〕700nm 荧光：
		1. 颜色 2. 形态或琢型 3. 透明度 4. 光泽	1. 内部特征 2. 表面特征	折射仪： 偏光检查：	滤色镜： 二色镜： 吸收光谱： 400nm〔　　　〕700nm 荧光：

续表 5-1

编号	宝石名称	肉眼观察	显微观察	折射仪、偏光镜	其他（滤色镜、吸收光谱、荧光等）
		1. 颜色 2. 形态或琢型 3. 透明度 4. 光泽	1. 内部特征 2. 表面特征	折射仪： 偏光检查：	滤色镜： 二色镜： 吸收光谱： 700nm ☐ 400nm 荧光：
		1. 颜色 2. 形态或琢型 3. 透明度 4. 光泽	1. 内部特征 2. 表面特征	折射仪： 偏光检查：	滤色镜： 二色镜： 吸收光谱： 700nm ☐ 400nm 荧光：
		1. 颜色 2. 形态或琢型 3. 透明度 4. 光泽	1. 内部特征 2. 表面特征	折射仪： 偏光检查：	滤色镜： 二色镜： 吸收光谱： 700nm ☐ 400nm 荧光：

续表 5-1

编号	宝石名称	肉眼观察	显微观察	折射仪、偏光镜	其他（滤色镜、吸收光谱、荧光等）
		1. 颜色 2. 形态或琢型 3. 透明度 4. 光泽	1. 内部特征 2. 表面特征	折射仪： 偏光检查：	滤色镜： 二色镜： 吸收光谱 700nm ▭ 400nm 荧光：
		1. 颜色 2. 形态或琢型 3. 透明度 4. 光泽	1. 内部特征 2. 表面特征	折射仪： 偏光检查：	滤色镜： 二色镜： 吸收光谱 700nm ▭ 400nm 荧光：
		1. 颜色 2. 形态或琢型 3. 透明度 4. 光泽	1. 内部特征 2. 表面特征	折射仪： 偏光检查：	滤色镜： 二色镜： 吸收光谱 700nm ▭ 400nm 荧光：

实验五 仪器的综合使用

续表 5-1

编号	宝石名称	肉眼观察	显微观察	折射仪、偏光镜	其他（滤色镜、吸收光谱、荧光等）
		1. 颜色 2. 形态或琢型 3. 透明度 4. 光泽	1. 内部特征 2. 表面特征	折射仪： 偏光检查：	滤色镜： 二色镜： 吸收光谱： 700nm □ 400nm 荧光：
		1. 颜色 2. 形态或琢型 3. 透明度 4. 光泽	1. 内部特征 2. 表面特征	折射仪： 偏光检查：	滤色镜： 二色镜： 吸收光谱： 700nm □ 400nm 荧光：
		1. 颜色 2. 形态或琢型 3. 透明度 4. 光泽	1. 内部特征 2. 表面特征	折射仪： 偏光检查：	滤色镜： 二色镜： 吸收光谱： 700nm □ 400nm 荧光：

续表 5-1

编号	宝石名称	肉眼观察	显微观察	折射仪、偏光镜	其他（滤色镜、吸收光谱、荧光等）
		1. 颜色 2. 形态或琢型 3. 透明度 4. 光泽	1. 内部特征 2. 表面特征	折射仪： 偏光检查：	滤色镜： 二色镜： 吸收光谱： 400nm □ 700nm 荧光：
		1. 颜色 2. 形态或琢型 3. 透明度 4. 光泽	1. 内部特征 2. 表面特征	折射仪： 偏光检查：	滤色镜： 二色镜： 吸收光谱： 400nm □ 700nm 荧光：
		1. 颜色 2. 形态或琢型 3. 透明度 4. 光泽	1. 内部特征 2. 表面特征	折射仪： 偏光检查：	滤色镜： 二色镜： 吸收光谱： 400nm □ 700nm 荧光：

续表 5-1

编号	宝石名称	肉眼观察	显微观察	折射仪、偏光镜	其他（滤色镜、吸收光谱、荧光等）
		1. 颜色 2. 形态或琢型 3. 透明度 4. 光泽	1. 内部特征 2. 表面特征	折射仪： 偏光检查：	滤色镜： 二色镜： 吸收光谱： 700nm ☐ 400nm 荧光：
		1. 颜色 2. 形态或琢型 3. 透明度 4. 光泽	1. 内部特征 2. 表面特征	折射仪： 偏光检查：	滤色镜： 二色镜： 吸收光谱： 700nm ☐ 400nm 荧光：
		1. 颜色 2. 形态或琢型 3. 透明度 4. 光泽	1. 内部特征 2. 表面特征	折射仪： 偏光检查：	滤色镜： 二色镜： 吸收光谱： 700nm ☐ 400nm 荧光：

续表 5-1

编号	宝石名称	肉眼观察	显微观察	折射仪、偏光镜	其他（滤色镜、吸收光谱、荧光等）
		1. 颜色 2. 形态或琢型 3. 透明度 4. 光泽	1. 内部特征 2. 表面特征	折射仪： 偏光检查：	滤色镜： 二色镜： 吸收光谱： 700nm □ 400nm 荧光：
		1. 颜色 2. 形态或琢型 3. 透明度 4. 光泽	1. 内部特征 2. 表面特征	折射仪： 偏光检查：	滤色镜： 二色镜： 吸收光谱： 700nm □ 400nm 荧光：
		1. 颜色 2. 形态或琢型 3. 透明度 4. 光泽	1. 内部特征 2. 表面特征	折射仪： 偏光检查：	滤色镜： 二色镜： 吸收光谱： 700nm □ 400nm 荧光：

续表 5-1

编号	宝石名称	肉眼观察	显微观察	折射仪、偏光镜	其他（滤色镜、吸收光谱、荧光等）
		1. 颜色 2. 形态或琢型 3. 透明度 4. 光泽	1. 内部特征 2. 表面特征	折射仪： 偏光检查：	滤色镜： 二色镜： 吸收光谱： 700nm ☐ 400nm 荧光：
		1. 颜色 2. 形态或琢型 3. 透明度 4. 光泽	1. 内部特征 2. 表面特征	折射仪： 偏光检查：	滤色镜： 二色镜： 吸收光谱： 700nm ☐ 400nm 荧光：
		1. 颜色 2. 形态或琢型 3. 透明度 4. 光泽	1. 内部特征 2. 表面特征	折射仪： 偏光检查：	滤色镜： 二色镜： 吸收光谱： 700nm ☐ 400nm 荧光：

主要参考文献

陈全莉,裴景成,方薇,等,2021.宝石鉴定仪器教程[M].武汉:中国地质大学出版社.
郭杰,廖任庆,罗理婷,2014.宝石鉴定检测仪器操作与应用[M].上海:上海人民美术出版社.
李娅莉,薛秦芳,李立平,等,2016.宝石学教程[M].3版.武汉:中国地质大学出版社.
吕洋,裴景成,高雅婷,等,2022.宝石级氟磷铁锰矿的化学成分及光谱学表征[J].光谱学与光谱分析,42(4):1204-1208.
武汉大学化学系,2001.仪器分析[M].北京:高等教育出版社.
杨琇明,2018.结晶学及晶体光学[M].武汉:中国地质大学出版社.
余晓艳,2016.有色宝石学教程[M].北京:地质出版社.
曾广策,朱云海,叶德隆,2006.晶体光学及光性矿物学[M].武汉:中国地质大学出版社.
翟少华,裴景成,黄伟志,2019.缅甸曼辛尖晶石中的橙黄色包裹体研究[J].宝石和宝石学杂志,21(6):24-30.
张蓓莉,2006.系统宝石学[M].2版.北京:地质出版社.
赵建刚,李孔亮,2021.宝石鉴定仪器与鉴定方法[M].3版.武汉:中国地质大学出版社.